纸上魔方 / 编著

物理学中的数学

山东人民出版社

全国百佳图书出版单位 国家一级出版社

图书在版编目（CIP）数据

数学王国奇遇记 . 物理学中的数学 / 纸上魔方编著 .
— 济南 : 山东人民出版社，2014.5（2016.8 重印）

ISBN 978-7-209-06741-6

Ⅰ . ①数… Ⅱ . ①纸… Ⅲ . ①数学 – 少儿读物 Ⅳ .
① O1-49

中国版本图书馆 CIP 数据核字 (2014) 第 028604 号

责任编辑：王　路

物理学中的数学

纸上魔方　编著

山东出版传媒股份有限公司
山东人民出版社出版发行

社　　址：济南市经九路胜利大街 39 号　邮编：250001
网　　址：http:// www.sd-book.com.cn
发行部：（0531）82098027　82098028

新华书店经销
山东新华印务有限责任公司印装

规　格　　16 开（170mm×240mm）
印　张　　10
字　数　　150 千字
版　次　　2014 年 5 月第 1 版
印　次　　2016 年 8 月第 2 次
ISBN 978-7-209-06741-6
定　价　　24.80 元

如有质量问题，请与印刷厂调换。（0531）82079112

前 言

　　本书关注孩子们的阅读需要，是集众多专家学者的智慧，专门为中国少年儿童打造的百科全书。该书知识权威全面，体系严谨，所涉及的领域广阔，既有自然科学，又有人类文明，包括科技发明、数学趣闻、历史回顾、医学探秘、建筑博览、人体奥秘、物理园地、神秘图形、饮食大观、时间之谜、侦探发明等多方面内容。让孩子们开阔眼界的同时，帮助孩子打造一生知识的坚实基座。同时，该书的插画出自一流的插图师之手，细腻而真实地还原了大千世界的纷纭万象，并用启发性的语言，或者开放式的结尾，启发孩子思考，激发孩子们的无穷想象力。

　　总之，本书图文并茂、生动有趣，集科学性、知识性、实用性、趣味性于一体，是少年儿童最佳的课外知识读物。

目　录

第二章　日常生活的点滴

第三章　物理概念的解析

第四章 物理原理的揭秘

第一章

物理奥秘的解读

振动才能产生声音?

人们总是开开心心地为生活而奔波于闹世之中。在这匆忙之中，当我们静下心来聆听周边，会发觉身边到处是人声、汽车声；甚至在郊外或者公园还有鸟鸣、虫叫；你去敲打教室里明亮的玻璃会发出清脆"叮叮"声，拍拍桌子会发出浑厚的"砰砰"声；音乐课上优美的旋律，下雨天雨点滴落的声音……这所有的

声音都是大自然的语言。

　　声音是怎么来的呢？物理学家们指出：声音是物体通过振动而产生的。

　　那么，我们用一个最简单和直观的方法来验证下：用手去拨动琴弦，我们会听到因琴弦的振动音响发出了声音。当你用手去阻止琴弦振动，声音立刻就停止了。在整个过程中，我们的手指能清晰地感受到琴弦的振动。

　　既然是振动产生了声音，我们就不得不去思考一下，多大的振动才能产生声音呢？其实，在理论上所有的物体只要振动就能发出声音，但是，如果发出的声音太小，我们的耳朵可是听不到的哦。

下面我们用数学中学习到的知识来具体展现这个问题。

声音的高低与振动的频率有关，也就是说声音越大，振动的频率越高。频率的单位叫赫兹，以符号Hz表示。人类的听觉范围一般会在20~20000Hz，所以通常人要听到声音至少需要20Hz以上的振动频率。聪明的小朋友们，看到这里你们是不是已经找到答案了？是的！只有当振动在20~20000Hz的时候才能产生声音。

那么，超过20000Hz或者小于20Hz的振动就绝对不能产生声音了吗？其实也不是，因为在20~20000Hz的声音是人类能够听得

到的声音。大于20000Hz的声音叫作超声，小于20Hz的声音叫作次声，这些都是人类不能听或听不到的声音。超声是一种非常强烈的声波，能够把人的耳膜全部震碎。而次声则无比微小，人的耳朵根本捕捉不到，这声音比一根针掉在地上的声音还要小很多很多。

　　有没有小朋友会思考人的声音是怎么发出的呢？原来，这个小秘密就藏在我们的喉咙里。在喉咙里有个器官叫声带，在我们说话的时候，声带会振动，所以我们就可以说话、唱歌了。

声音的速度有多快

声音是没有重量、没有颜色、没有气味的，它靠物体的振动发出，通过空气传播后传到我们的耳朵中。声音对于人们的生活来说特别重要，它可以传递各种人们所需的语言信息。那么，它在空气里的传播速度会有多快呢？

事实上，很久以前科学家就已经测出声音在空气中的传播速度，那就是340m/s。哇！一秒钟就能传播340米远！通过对比，我们惊讶地发现，声音的传播速度实在是太快了！那声音是不是速度最快的呢？错了，在物理界里还有比它跑得更快的！那就是光。光在空气中的传播速度为300000km/s。340m/s和300000km/s

比起来，简直是天差地别。所以，光在空气中传播的速度比声音传播的速度快多了！

那么声音是怎么传播出去的呢？难道是像光一样直射出去的吗？答案是否定的。因为我们发现，光的传播是有方向的。但是声音则不一样，一个人说话，周围的人都能听得见他的声音，所以声音的传播是没有方向的。科学家们经过研究发现，声音的传播跟水的波纹扩散是一样的。比如我们把一块小石头扔进水池里，就会看见一圈一圈的波纹四散开来。声音就是这样子传播的，而且声音的"波纹"比水的波纹更密集。但是，声音的波纹是短暂

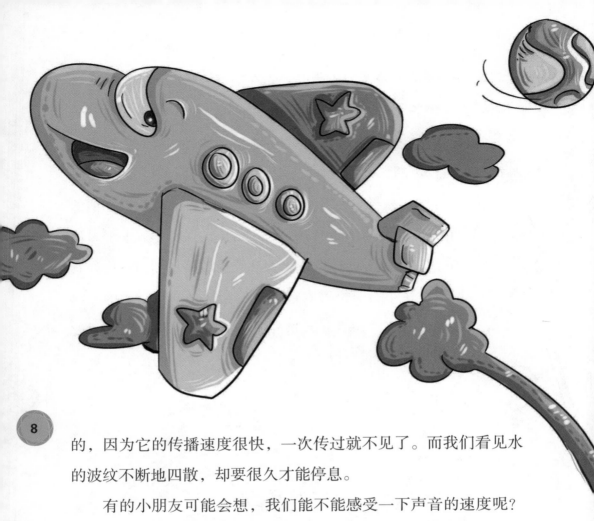

的，因为它的传播速度很快，一次传过就不见了。而我们看见水的波纹不断地四散，却要很久才能停息。

有的小朋友可能会想，我们能不能感受一下声音的速度呢？答案是可以的。假设两个小朋友站在相距800米远的两个地方，两个人手里都拿着电话，其中一个人对着电话大喊一声，另外一个人马上就能从电话里听到对方的声音，而在空气中传播的声音则在两秒钟以后才到达。所以就会出现这样一个神奇的现象，同一个人发出的声音，通过电话和通过空气的传播，速度出现了很大的差距。

声音的速度在人类的世界里已经是很快的了，但

是有一种我们能看到的物体，它的速度比声音的传播速度更快。它就是由人类发明的超音速飞机。当它在天上飞时，因为飞行的速度超过了声音的传播速度，所以，它飞行时发出的声音还没来得及传播到我们的耳朵里，它就已经飞到更远的地方了。

光能怎样转化成热能

　　小朋友们，你们知道光和热是如何相互转化的吗？有些小朋友可能知道，我们利用放大镜将阳光聚集成一个点，可以点燃纸张。这是一个经典的实验，是光和热相互转化的一个范本。那么小朋友们知道光和热是怎么转化的吗？

　　如果利用的是10倍放大的放大镜来凝聚阳光，焦距点上形成

的热量，可以在20秒后由15℃增加到500℃。根据这个比例，我们可以算出更多倍数的放大镜将光能转化为热能的效果。

$$Q=cm \Delta t$$

$$Q吸=cm（t-t_o）$$

$$Q放=cm（t_o-t）$$

这三个方程式中Q表示热量，c代表比热容，m是质量，Δt则表示温度的变化量。这个公式也是计算热能时最常用的公式。

在开着灯的房间里，小朋友们一定会感觉到更加温暖，因为电灯泡在将电能转化为光能的时候也会转化出大量的热能，在这种情况下，光能和热能是交织在一起的。光能和热能究竟是一种相互转化的关系还是一种包含关系，这是科学家们一直难以解释的一个问题。

在20世纪，科学家们发现了一个重要的问题，他们经过研究之后发现，未含热能的光线也可以转化为热能。所以在光转化为热能的时候，这种计算也显得非常复杂。只是，科学家们至今仍然不能找出完全正确的计算方法。

也有科学家认为，光能转化为热能的时候并不是一种"转化"的形式，光和热本身只是能量的不同表现形式。许多人都对这个观点表示质疑，因为光是可见的，作为一种粒子，光就是载体，而热能则必须通过某种载体才能传递。

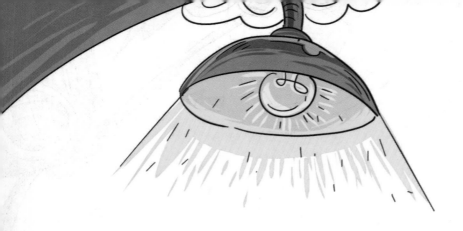

　　光和热之间有着那么多让人难以解释的秘密。现代物理学对那些基础现象或许能够给出一些解释，但是对于那些特殊的现象，仍然不能完全解释清楚。小朋友们应该努力地学习科学知识，或许有一天，你们能够解开这个谜，能有更新的发明，让人类能脱离能源缺乏的痛苦，让太阳能得到充分的应用，这或许是个不错的理想。

电力与磁力的相互转化

　　小朋友们，相信你们都知道电力和磁力可以相互转化这个道理吧。电力和磁力之间的转化涉及很多公式，如果没有这些公式，我们就无法得知电力和磁力之间的转化数据，那么这些公式究竟是怎么进行计算的呢？让我们学习一下吧。

电场力是电场中常用的作用力，计算电场力的公式是$F=Eq$，E表示的是场强，q表示的是电量。在正常情况下正电荷受的电场力与场强方向相同，负电荷则反之，电荷受到的电场力与场强方向相反。

安培力是磁场对电流的作用力，一般用F来表示，安培力公式为$F=BIL$。这个公式中涉及了磁感应强度（B）、通过导体的电流（I）和导线长度（L）。运动电荷在磁场中所受到的力称为洛伦兹力（F），洛伦兹力的计算公式为$F=qvB$，q是运动电荷的电荷量，v是带运动电荷速度，B是磁场的磁感应强度。

　　安培力的方向可以用手来进行测定，其中安培力测定方法是左手定则：伸开你的左手，使拇指与其他四指垂直，记住，要在一个平面内。让磁感线从手心穿入，四指指向电流方向，大拇指则指向安培力方向（也就是导体受力方向）。以上的都是电力和磁力转化中最常用到的公式，这些公式看着很陌生，但是只要你们学会了运算方法，这些就很简单，小朋友们很快就能学会了。

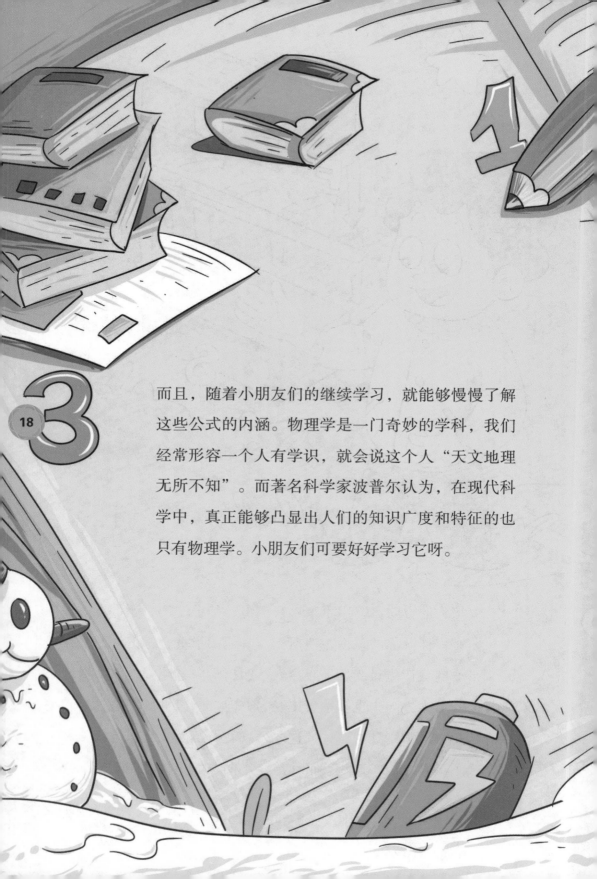

而且，随着小朋友们的继续学习，就能够慢慢了解这些公式的内涵。物理学是一门奇妙的学科，我们经常形容一个人有学识，就会说这个人"天文地理无所不知"。而著名科学家波普尔认为，在现代科学中，真正能够凸显出人们的知识广度和特征的也只有物理学。小朋友们可要好好学习它呀。

为什么冰雪融化时温度会降低？

　　春暖花开，夏日炎炎，秋果累累，冬雪漫天。这是一年四季所独有的特征，每个人的心中都有着自己喜爱的季节。冬天，很少有人会喜欢吧！

　　然而，不管你喜不喜欢冬天，冬天在每年都会按照自然界赋予大地的季节规律而到来。人们常说雪是这个季节的精灵，它们纯洁可爱，让人不得不爱。在刚下过雪的空地上，会看到有人打

起了雪仗、堆起了雪人，也有人享受着踩在雪地上发出的嘎吱嘎吱的声响……过不了几天，雪便开始融化了。

这时候总有人欷歔：怎么下雪的时候不冷，化雪的时候冷呢？

在数学里，我们学习过数字就会知道数字有大小之分，就像2比1大一样。那么物理学里的温度也遵循这个数学定理：2℃时的温度高于1℃的温度。当高空中的云层含水量达到一定的量时，雨水就开始往下坠落，在坠落的过程中雨水被凝结成了冰雪，这才形成了下雪天。而液体的水要凝成固体的冰雪，首要的条件就是水的温度在0℃以下。由此可以推论而得，要想水变成冰雪，水的温度就必须降低到0℃以下，于是，水原有的温度就需要释放到空气里，这就是所谓的"凝固放热"一说。说到这里，要运用到数学里的加法原理：空气原有的温度+雨水释放出的温度＞空气原有的温度。就像1+1＞1一样，因此人们会觉得下雪的时候不冷。

反过来，当冰雪融化成水的时候，冰雪的温度需要高于0℃，那冰雪就要从空气里吸走热量。这里我们又用到了数学里的减法原理：空气原有的温度—冰雪吸走的温度＜空气原有温度。就像1—1＜1一样，人们自然就感觉到在化雪的时候冷了。

　　关于冷和热，小朋友们应该要有更高一个层次的认识。100℃的温度很高了吧！那么假设我们的体温是110℃，我们会感觉到滚烫的水其实是很冷的。据说很多因为严寒而冻死的人在死的时候是感觉不到冷的，这是因为他们的体温已经下降到了跟周围环境差不多一样的温度了。所以大家应该明白，在寒冷的环境里感觉到冷是很正常的，要是你都感觉不到冷的话，那可能就要出问题了。

小朋友们知道了这点后，到了化雪的时候一定要注意防寒，可不要感冒了啊。

23

二氧化碳

氧气

氮气

空气可以称重吗?

　　小朋友们,你们知道怎样才能"称"出空气的重量吗?可能很多小朋友会说:"空气有什么重量呀?看不见,摸不着,怎么称呢?"很多小朋友可能不知道,空气虽然看不见、摸不着,但并不代表它没有重量。而且,空气里并非是什么都没有,事实上空气中的成分是很复杂的。科学家们经过测量和计算得知,地球上的大气中,有78%的氮气、21%的氧气、0.94%的稀有气体、

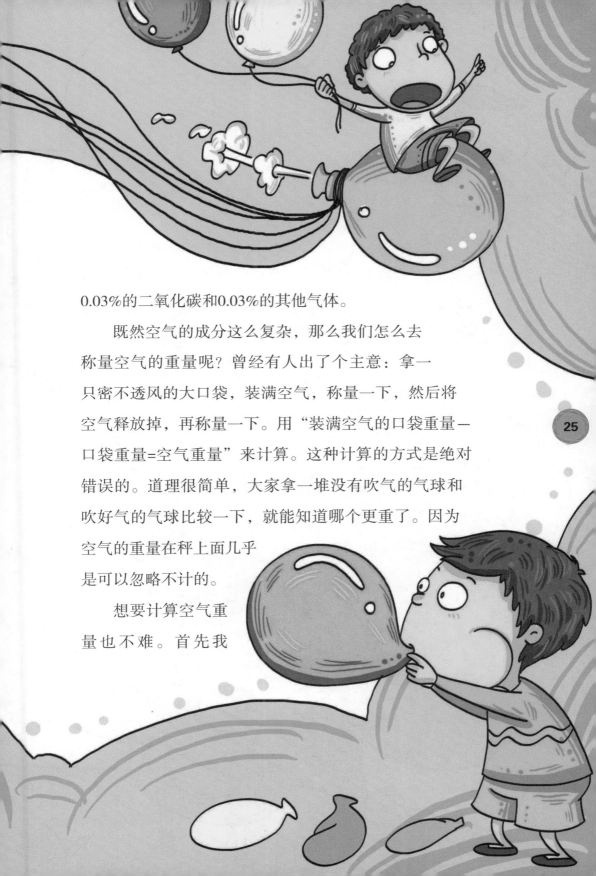

0.03%的二氧化碳和0.03%的其他气体。

既然空气的成分这么复杂，那么我们怎么去称量空气的重量呢？曾经有人出了个主意：拿一只密不透风的大口袋，装满空气，称量一下，然后将空气释放掉，再称量一下。用"装满空气的口袋重量－口袋重量=空气重量"来计算。这种计算的方式是绝对错误的。道理很简单，大家拿一堆没有吹气的气球和吹好气的气球比较一下，就能知道哪个更重了。因为空气的重量在秤上面几乎是可以忽略不计的。

想要计算空气重量也不难。首先我

们必须知道一个叫作空气密度的词，这个词是指在一个标准大气压下每立方米空气的质量。在正常情况下，空气密度大约是1.293kg/m^3。这个意思也就是说，1立方米的空气的质量大约是1.293千克。

但是这个1.293kg/m^{3}可不是绝对的，这是指空气温度在0℃时候的密度。因为我们都知道，空气是会热胀冷缩的，也就是说，当空气温度比较高的时候，空气的体积就会膨胀，那么原先1立方米的空气就变成了更大的体积，而这个时候的

1立方米空气跟原先的1立方米相比，空气质量就会下降很多。如果空气温度降低，那么1立方米的空气重量则会比原先温度上升很多。这些都是可以通过计算而得出来的。

如果温度不是在0℃的话，我们需要知道空气的绝对压强和空气温度，通过绝对压强和空气温度的关系，我们就可以计算出空气的密度，然后通过这个密度再计算空气的重量。这样的计算有些复杂，等到小朋友们再长大一点，就会学到这些知识啦。那个时候小朋友们可以很自豪地说："瞧，我可以算出空气的质量哦。"

怎样计算一块小石头的体积？

生活中物体的形状千奇百怪，这些形状一般包括：正方体、长方体、圆柱体。除此之外，就是一些不规则体。那么如何来计算它们的面积、体积呢？你知道吗？

28

关于一般物体的面积和体积，只要我们掌握了面积公式、体积公式就可以轻松地算出来。可是假如这个时候，我们遇到了一块不规则的小石头并让我们计算出小石头的体积，怎么办呢？

不知道你遇到这样的题目会感觉困难吗？小明是一下子就着急了，不知道从哪里下手才好。这时候，老师悄悄告诉了小明一个方法，小明一听完就很高兴地做了起来，最后，他通过自己动手很正确地完成了这道题。小朋友们想不想知道老师告诉了小明什么样的方法呢？

原来，老师让小明借用一杯水算出了小石头的体积。真神奇，我们也来做一下好了。

首先，要准备一个空杯子。杯子是圆柱体的，这时我们先用尺子测量一下杯子的直径有多长，然后用数学公式：半径=直径÷2，得出半径后用笔记录一下。这时我们往杯子里倒上半杯水，并用记号笔在水位那里标注上记号。

完成这些之后，我们把小石头丢进杯子中。这时，我们看到水位上升了。聪明的小朋友们，你们认真思考一下，水位上升的这部分体积是不是小石头的体积？当然

圆面积=（半径）r²
×π(π≈3.14)

是了，这就像数学里的加法一样，本来杯子里只有水的体积，放入了石头后水位上升，是因为原来水的体积加上了小石头的体积。这时我们就能明显地看出，只要我们能计算出水位上升后的体积，就知道了小石头的体积。

明白了这点后，我们紧接着用尺子测量出水位上升的高度，并用笔记录下来。完成这些之后，我们的"动手做一做"部分就完成了，下面我们开始动脑子了。

在数学公式里：圆柱体积=底面积×高。但是，在这里我

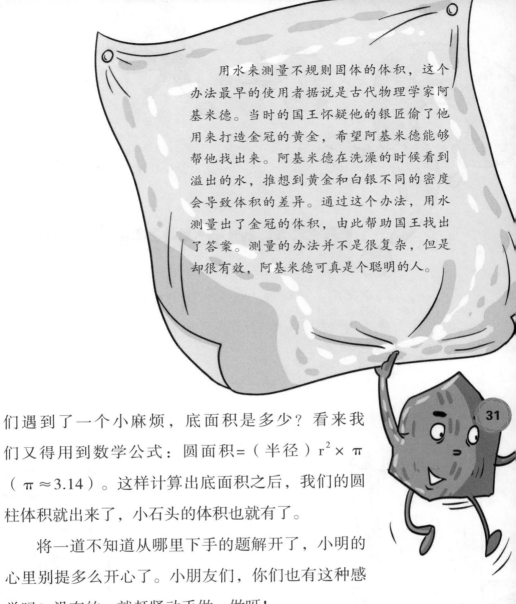

用水来测量不规则固体的体积，这个办法最早的使用者据说是古代物理学家阿基米德。当时的国王怀疑他的银匠偷了他用来打造金冠的黄金，希望阿基米德能够帮他找出来。阿基米德在洗澡的时候看到溢出的水，推想到黄金和白银不同的密度会导致体积的差异。通过这个办法，用水测量出了金冠的体积，由此帮助国王找出了答案。测量的办法并不是很复杂，但是却很有效，阿基米德可真是个聪明的人。

们遇到了一个小麻烦，底面积是多少？看来我们又得用到数学公式：圆面积=（半径）$r^2 \times \pi$（$\pi \approx 3.14$）。这样计算出底面积之后，我们的圆柱体积就出来了，小石头的体积也就有了。

将一道不知道从哪里下手的题解开了，小明的心里别提多么开心了。小朋友们，你们也有这种感觉吗？没有的，就赶紧动手做一做呀！

同样多的水和油哪个重？

有人喜欢爬山，勇敢地去探索大山的奥秘；有人喜欢潜水，惊奇地去找寻大海的奥秘；还有人喜欢太空，认真地去观测太空的奥秘。

生活中有很多的奥秘等待着我们去发现。比如为什么同一个杯子装满油和装满水的重量会不一样呢？

我们已经知道密度的数学算式：密度=质量÷体积。并且也知道了任何物质的密度都是一定的，不会因为质量和体积发生了变化而变化。从而也知道了油是由于密度小于水的密度，所以才会浮在水的上面。

这样一来事情就简单了，同样体积的水和

油的重量怎么不一样，只要来讨论下这个数学算式，就可以解开谜团了。

针对这个算式，从数学的角度看，此时密度是商，质量是被除数，体积是除数。我们可以运用除法变乘法的规则将算式变化一下：质量=密度×体积。转换之后，我们再来结合"任何物质的密度是一定的"这个物理条件，可以很明确地判断出水的密度≠油的密度。而问题的题设又告诉我们是"同样体积的水和油"，也就是说水的体积=油的体积。讨论到这里之后，我们再来看这道通过除法转化成乘法的算式，其中一个因数相等（体积），另一个因数（密度）不相等。小朋友们思考一下，我们计算出的积（质量）会是一样吗？当然不一样了！

类似的故事也很多。有一天，一头驴驮着一大袋盐过河，不小心摔了一跤，盐落入水中被稀释后轻了许多，驴很高兴，以为东西只要掉入水中就能变轻。后来驴驮着大堆海绵过河，这回驴故意在河里跌了一下，海绵吸入大量的水后重量大增，驴终因不

34

堪重负倒下了。为什么会出现这样的结果呢？小朋友，你知道吗？原来，当海绵注入了水之后，"密度"就增加了，这个时候，重量必然是加大许多啊。

　　小朋友，你是个爱观察爱动脑筋的学生吗？

你知道最著名的物理学公式吗？

光学、电学、力学都有各种各样的公式，这些公式在各自的领域发挥着重要的作用，但是随着时代的发展，这些公式渐渐地被熟知而变成一种常识。随着科学研究的深入，新的公式也会不断出现，这些新的公式解释了新的物理学道理，解决了人类生活的很多问题。小朋友们，你们知道最著名的物理学公式是哪一个吗？

科学家们通常认为，20世纪以来，科学界有三大发现，分别是：广义相对论、量子力学和DNA结构的发现。广义相对论给了人们一个更宏大更科学的宇宙观；量子力学建立起了一个比牛顿力学更深刻的力学构架；而DNA结构的发现，则让人们对生命的起源有了更清晰的认识。这三个发现当中，对科学影响最大的应该要数相对论了。

著名的科学家霍金曾经写过一本书叫《时间简史》，他在里面写道："我的朋友建议我在书中尽量不要写公式，因为那样会吓跑一大批人，所以我考虑不写，不

过到了后来，我还是决定写一个爱因斯坦的公式'E=mc^2'。"霍金之所以这么重视这个公式，因为这个公式不但对相对论有着巨大的支撑作用，而且是空间物理学的基础。

E=mc^{2}也叫质能方程式，其中E表示能量，m表示质量，c表示光速。那么，这个公式和相对论有什么联系呢？

相对论有一个很重要的研究成果就是对质量和能量的关系的换算。在原先的狭义相对论上，人们认为质量和能量的关系是不能进行换算的。但是在1915年，爱因斯坦提出了广义相对论，认为质量与能量之间有着必然的关系。这个观点的提出，激发了科学界的兴趣，并解决了很多原本物理学上不能解决的问题，为此爱因斯坦获得了诺贝尔物理学奖。

根据这个公式，我们可以得到什么呢？首先我们可以通过这个公式获得人类"逆转时空"

的可能性。大家都看过很多讲述"穿越"的影视剧吧？根据这个公式的计算结果，如果一个物体的速度超越光速之后，时间就可能出现倒退。也就是说，当我们驾驶着一辆速度超越光速的宇宙飞船在宇宙空间航行的时候，就很有可能会出现"穿越"的现象。

其次，这个公式开阔了宇宙物理学上的视野。一直以来，研究太空的科学家们都是以地球人的眼光看宇宙，而在广义相对论提出后，人类的视角变得更大了，我们可以从宏观上观察整个宇宙的发展和变化，为探索太空的技术和科学的发展提供了更多的支持。

1989年霍金在英国皇家科学院演讲的时候曾经说过："这样一个看似简单的公式，其实就是对人类科学最高层次的总结。"

很多小朋友可能想不到吧？一个简简单单的公式竟然有着如此巨大的作用，希望大家努力学习科学知识，破解更多的科学秘密。

用数学解读马德堡半球实验

　　你听说过马德堡半球实验吗？那是1654年在德国马德堡市做的一个物理实验，当时托里拆利在市长奥托·冯·格里克的支持下，做了一个证明大气压存在的实验，这个实验像魔术一般，让这个正确的科学理论得到了更多、更狂热的传播。那么，我们就用数学知识对这次实验做一个简单地分析吧。

　　为了做这个实验，奥托·冯·格里克花费了将近4000英镑。那么，这个实验是怎样的？首先，找出两个直径都是14英寸（大约37厘米）的半球，然后将两个半球中间的空气抽光后合在一起，一共使用了4个马夫和16

匹马分成两头要将两个半球拉开。在试验现场，最终历时21分钟，才在一声巨响中将两个半球拉开。16匹马的力气，相当于每秒能够将1.2吨重的物品提高1米的力量。

这次实验证明了真空的存在。尽管在当时，还有很多人对此产生怀疑，认为两个半球没有被拉开的原因在于半球内部的吸引力。然而事实上并非如此，半球内部的空气几乎被抽空了，真正让半球难以拉开的原因在于半球外面的空气给予半球的巨大气压。这样验证了大气压的存在。后世的研究者和科学家们也根据这次著名实验推导出了气压理论。

40

马德堡半球实验获得的第一个科学结果，便是推导出最早期的气压计算方法。在托里拆利计算出气压之后，科学家们通过 $p=F/S$ 的公式求出在单位面积上的空气质量，再用空气的密度求出空气体积，并除以质量，最后得出地面到大气层顶部的距离。而在后来，随着科学技术的不断进步，在知道气体体积、物质的量和绝对温度之后，科学家们计算出了空气的压强，使气压的计算得到更进一步的发展。

马德堡半球实验是一次非常大胆的实验。如果没有精密的数学计算和工匠设计，那么实验可能就会失败。

如果失败，大气压存在的原理不仅得不到传播，这个实验也会遭受到人们的嘲笑。但是幸运的是奥托·冯·格里克成功了，正是他对物理的热爱和对数学计算的忠诚，才让科学得到了进一步的发展。

第二章

日常生活的点滴

影像的原理

　　小朋友们，对于光的反射现象，你们可能早就已经熟悉，我们在照镜子的时候能够看到自己的影子，这就是一个极好的例子。在我们的日常生活中，经常能看见光的反射现象。在夜晚我们看到的月光其实也是太阳的光反射到月球表面形成的。折射的现象在生活中也不少见，比如找一碗水，将筷子放进水里，我们可以看到，筷子露出水面的部分和水下面的部分会出现"弯

折"，而这种"弯折"就是因为光线在水中的折射产生的。只要光线从一种介质传播到另一种介质中，就会产生折射现象。光的折射和反射都是有一定角度的。大家知道这个角度是怎么计算的吗？

在数学上，任何一个角（∠），我们都可以借用量角器来测量出它的角平分线。在物理上，光线和反射光线恰好构成了一个角（∠），只是这时我们要把这个角（∠）的角平分线叫作"法线"。当倾斜的光线照到镜子上的时候，镜面会将光沿着"对

$$n = \sin i / \sin$$

称"的角度反射出去，打在屋内墙壁上，就会有一个亮堂堂的圆圈了。

如果光线直射进镜子中，我们看到的就是一个垂直的光束。有的小朋友可能会想，我们能够看见镜子中的自己，而镜子里的人像和我们是相反的，这是不是说明光线与镜面是垂直的呢？答案是否定的。尽管光线都是平行的，但是并不意味着射入镜子中的光线只有一道。无数道光线以不同的角度射入镜子中，我们才能在镜子中看到自己的影子。

光的折射率一般都是随着波长的减少而增大的，其中红光的折射率最小，紫光的折射率最大。我们通常所说的某个物体的折射率，它的数值是针对钠黄光而言的。折射率的计算与温度也有一定关系，一般折射率的计算都是在20℃的温度下测定的。

折射和反射是自然界中最为常见的现象，通过学习，小朋友们对这些知识就能有更多的了解，也会有更多的发现。

在中国古代，人们对光的折射与反射也有着深入的研究，特别是春秋战国时期的墨子，他的《墨经》一书中就有一章专门记载了关于小孔成像、光影效果等物理学的知识。墨子是我国古代伟大的科学家，他通过对光的折射和反射现象的研究，甚至提出了历史上最早的潜望镜的问题。尽管当时并没有把它发明出来，但是这足以证明中国古代劳动人民的智慧。

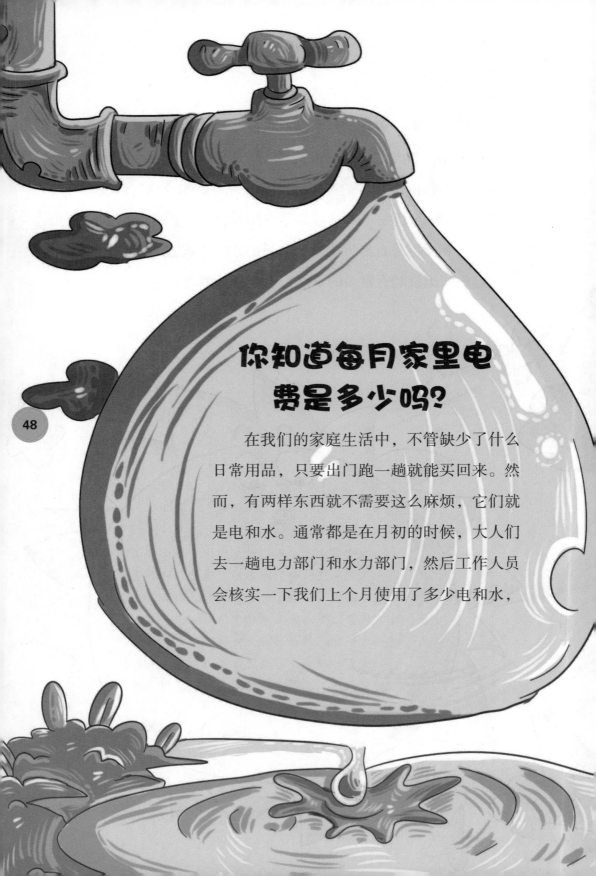

你知道每月家里电费是多少吗？

在我们的家庭生活中，不管缺少了什么日常用品，只要出门跑一趟就能买回来。然而，有两样东西就不需要这么麻烦，它们就是电和水。通常都是在月初的时候，大人们去一趟电力部门和水力部门，然后工作人员会核实一下我们上个月使用了多少电和水，计算出费用后，我们把费用缴清就可以了。

原来电和水都是先供给我们使用，然后才付款的。与其他的消费方式相比较，电和水的这种消费方式简直是太体贴入微了。

只是，偶尔人们会担心：工作人员需要计算出所有家庭的用电、用水费用，工作量大得惊人，他们会不会一不小心出错呢？

若要核对这个问题，只要我们自己会计算家里的水、电费用，就不用担心了。

那还犹豫什么呢，我们这就来讨论一下怎么计算家里的电费吧！

电表是用来统计家里的用电量的。这个时候，就需要我们自己动手，记录并利用数学里面的计算方式来完成这个任务了。首先，在每个月的最后一天，我们打开电表，记录一下本月电表显示的电量。然后，找出妈妈上次缴费时的电费条，那上面显示的是上月电表显示的电量，最后列出算式：本月电表显示的电量－上月电表显示的电量=本月实际使用的电量。看！家里本月使用

的电量数字就出来了。

接下来就很好办了，像买菜一样，菜有单价，电也有单价。我们本月的电费算式就是：本月的电费=本月的实际用电量×单价。如果电表显示，现在已经使用的电量是1500度，而上个月的今天电表显示是1400度，那么说明这个月一共用了1500－1400=100度电，每度电价格是0.8元，那么这个月的电费就是0.8×100=80元。这样的计算是很简单的，只要学会了看电表和计算电价，就能够完成。

当工作人员给我们出缴费清单的时候，我们把自己计算的电费和缴费清单上的电费对比一下，结果就出来了。看来，学习怎样计算家里的电费还是很有用处的吧！至少，不用担心缴错费。

　　水费的计算和电费的计算是一样的，只要认真读水表，做记录，列好数学算式就可以了。

　　作为家庭成员中的一员，我们理当为家里出一份力。小朋友们要是学会了计算家里的水、电费，就可以替爸爸妈妈分担一些家务，这是多么好的一件事情啊！

电池中的数学知识

对于小朋友们而言，电池可是个很常见的东西，玩具、手电筒、闹钟都得用到电池。那么大家知道吗？在电池里包含着很多的数学知识。我们知道电池有电动势、容量、比能量和正负极等性能参数，这些参数的计算可是有很多数学道理的哟。

电动势是用来表示电源特征的一个物理学名词。小朋友们可能不知道，电流的强弱是有区别的。比如我们经常使用的电器的电

能与电池的电能是有区别的，那它们的电能是怎么区分的呢？其实就是根据电动势得出来的。电动势的单位是伏（V），比如我们的常用电一般都是220伏的，高于1000伏的叫作高压电。而我们使用的电池都是1.2伏或1.5伏，这种电动势的电流既可以保证电池的运作，而又不对使用者造成危险，这是科学家们经过研究得出的电池的最佳电动势。

一只电池能够使用多久？这跟电池的容量是有很大关系的，容量的单位是毫安时（mAh），普通的5号碱性电池的容量大约在600~700毫安时。电池的容量越大，储存的电能就越多，使用的时间也越长。

　　电池的比能量则是指与电极反应的单位质量的电极材料能够释放出的电能的大小。人们一般使用Wh/kg来表示比能量。如果一节电池的电压是1.6V，容量是800mAh，那么它的能量就是1.6V×0.8mAh=12.8Wh，再通过测量电池的电极材料的重量，就可以算出电池的比能量。工程师们就是通过这种计算来制造更好的电池。

　　在电池中，不同活性的物质构成不同的电池电位，有较高电位的一端叫作正极，用数学里的加号"+"表示，而有较低电位的一端叫作负极，用数学里的减号"—"表示。正极和负极之间会产生电位差，电池中的电能跟水一样，从高处流向低处，也就是从正极

流向了负极，这就完成了一个放电过
程。所以，在使用电池时，正极和负极之
间的共同工作使得电池通过放电为我们提供了电
流，这样我们的电动玩具就可以玩了。

　　用完电的废电池，小朋友们也不要急于丢
掉。工人叔叔在制造电池时，将电池分成了可循
环使用和不可循环使用的两大类。遇到是可循环使
用的电池，小朋友们在电用完的时候可以重新对它进
行充电，然后再使用。

1度电的功能

在日常生活中，我们总是会看到一些提倡节约用水、电的标语。这些都是在提醒人们要养成良好的节能环保意识。但说到节能，大多数人只有一个模糊概念，好比大家都知道在夏天空调的温度开高1度能节省电,但节省下来的这些"微能量"能做些什么?

在这一节中我们将会知道,在日常的居家生活中，1度电能做的事情还真不少。

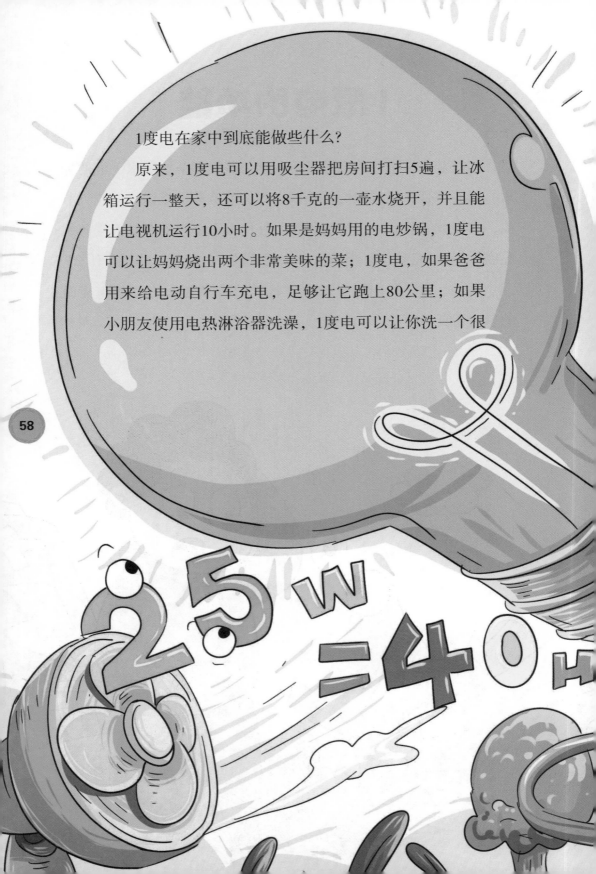

1度电在家中到底能做些什么?

原来，1度电可以用吸尘器把房间打扫5遍，让冰箱运行一整天，还可以将8千克的一壶水烧开，并且能让电视机运行10小时。如果是妈妈用的电炒锅，1度电可以让妈妈烧出两个非常美味的菜；1度电，如果爸爸用来给电动自行车充电，足够让它跑上80公里；如果小朋友使用电热淋浴器洗澡，1度电可以让你洗一个很舒服的澡。 1度电可以供电梯上下一次；农民伯伯可以用1度电灌溉0.14亩的田地。在工业上，1度电可以生产出啤酒15瓶、化肥22千克、加工面粉16千克、炼钢1.25至1.5千克、织布8.7至10米、灌液化气10瓶、采煤27千克、生产洗衣粉11.8千克……

假如我们用数学的方法来推论计算一下的话：1度＝1千瓦小时＝1000瓦小时，也就是说，每1度电可以供功率为1千瓦（也就是1000瓦）的电器使用1小时。如果是500瓦的电器

就可以使用2小时，如果是2000瓦的电器就只能用0.5小时。这下问题就简单了，是吧？只要知道我们的电器的功率是多少瓦，把1000wh作为被除数，把我们用的电器的功率作为除数，得到的商值就是1度电可供我们的这个电器使用的时间。

看啊，1度电能做的事情实在是太多了，多得都列举不过来了。所以，小朋友可千万别小看了1度电，你们一定要从小养成良好的节能环保意识。

电灯中的数学知识

　　小朋友们可能都知道，电灯是由著名发明家爱迪生发明的。为了制造电灯，他尝试了几千种材料。最后，他选定了他认为最好的材料——碳化竹丝。这种材料制造出的电灯，在实验室中可以维持亮光1200小时。1908年的时候，美国人库里奇发明了钨丝电灯，才取代了碳化竹丝电灯。相比之下，钨丝电灯的耐热性更强，并且可以使用的时间更长。

　　许多小朋友可能不知道，大部分的电灯消耗的电能转化成的不是光能，而是热能。电灯要将90%的能量转化为没有用的

热能，只有10%的能量才转化为了光能。但是这些热能并非完全没有用，小朋友们应该都能感觉到，开着灯的房间比不开灯的房间要相对暖和一些。萤光灯是一种新型的电灯，这种电灯的效能要高很多，有40%左右的能量被转化为了光能，而它产生的热量只是相同亮度的白炽灯的1/6。

所以在很多地方，特别是那些在夏天需要开放空调的商场和大楼，都会选择使用萤光灯来节省电力。现在有很多小型的萤光灯将灯泡和启动电子结合在一起，使用普通灯泡的接口，用来取

代普通的白炽灯。一支26瓦的萤光灯发出的亮度是11瓦，产生的热量为15瓦，而能够发出同样亮度的白炽灯要比它多消耗多4倍的电量。

一直以来，居家用的电灯都是以白炽灯为主的。近年来卤素灯开始变得流行了，特别在光源需要集中的情况下，如居家使用的局部照射、汽车的车头灯等都会使用卤素灯泡。比起一般灯泡，卤素灯泡更亮，光能转化效率可以达到15%。卤素灯的灯泡玻璃采用的是比普通玻璃更加耐热的石英玻璃，并在灯

泡中充进了大量的卤族元素气体，比如碘或溴。卤素气体和钨丝在灯泡内部能够进行分解和合成的循环，这样就可以增加灯泡的寿命。但是石英玻璃不像普通玻璃那样可以隔离紫外线。所以长期暴露在这样的灯光下，人的皮肤就会变成古铜色。

讲了这么多，小朋友们可能会想，这与数学有什么关系呢？又没有计算和公式，如果你们这么想，那可就错了。这个问题中，比如电灯的瓦数、电灯的能量转化率、电流强度等各个方面的计算，都会使用到大量的数学方法和公式。多掌握一些这方面的知识，你的生活可以更美好。

钨丝电灯使用的时间久了就会发黑，而且是电灯的内部发黑，小朋友们可知道这是由于什么原因导致的吗？在通电过程中，钨丝要承受很高的温度，尽管钨丝非常耐热，但是有一部分钨丝因为电流和热能的缘故会气化，变成了钨气。而这些钨气在灯泡内无处可去，日子久了就会黏在灯泡的玻璃上，所以，如果小朋友们看见钨丝灯泡内部开始发黑不要着急，这只是一种很正常的物理现象。

房间里的开关

你留意过家里有多少开关吗？有些小朋友可能没有在意过。你知道天黑了开灯时要按开关吗？这个当然知道了！不然灯怎么开。事实就是这样，你可能不曾留意家里一共有多少开关，但你一定知道在开灯时去按开关。

这只是针对灯的开关而言。不过也值得我们去思考，难道灯的开关就仅仅只是开灯吗？不是的。开关，开关，能开也能关！

妈妈说："关灯睡觉了。"然后她会顺手按下开关，灯就熄灭了。

为什么我们按一按开关，就可以控制灯的开与关呢？原来，开关的作用是用来接通或者截断电流的。在物理上，一个完整的电路，除了电源和电器（比如灯泡），还少不了开关。把这三样东西通过电线连在一起，就可以随心所欲地使用电器了。我们试想一下，假如没有开关会有什么后果呢？想关灯的时候关

不了，大白天灯泡也要亮着，多么浪费电力资源啊！

如今，人们使用电器越来越广泛，冰箱、洗衣机、电视机、微波炉、电磁炉……假如没有开关来控制它们，会多么的可怕啊。也正因为如此，我们的房间里开关插座的数量也成倍地增加起来。面对如此多的开关插座，如果我们在安装与使用它们时不规范，还会给我们的生活带来困扰。那么小朋友们知道，开关的功率要怎么计算吗？

有一个关于开关的功率计算的题目是这样的：开关电源是12V、29A的，开关负载是12V、1A，请问在常规下耗电

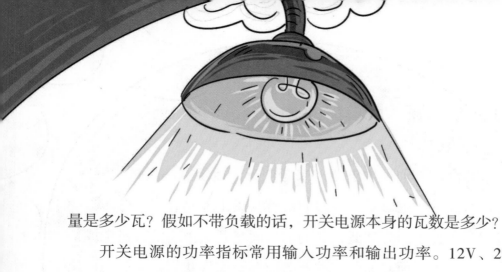

量是多少瓦？假如不带负载的话，开关电源本身的瓦数是多少？

开关电源的功率指标常用输入功率和输出功率。12V、29A是指的开关电源的额定输出功率，12V、1A则指的是实际消耗功率。假设开关电源的效率为0.85，那么12V、1A的开关在输出时，输入功率为12/0.85≈14.12（W），也就是说大约有14.12－12=2.12（W）的功率浪费了。功率的浪费不浪费取决于开关电源的效率和实际消耗的功率。通过这个计算，也就可以得出，开关电源的耗电量和不带负载的开关电源本身的瓦数无关。

房间里的开关本身要消耗大量的电，但是在消耗的同时，开关也是节约电能的最好办法。节约电能，人人有责。在白天的时候，不该开电灯就不要开。既然房间里有那么多开关，小朋友们就好好地利用它们吧。

彩虹是如何产生的？

彩虹是气象中的一种光学现象。当阳光照射到半空中的水滴，光线被折射及反射，七种颜色的光谱被分离，在空中形成了肉眼可见的七色光芒，通常肉眼所见为拱曲形，似桥状，民间常有"彩虹桥"的说法。

彩虹是一种自然现象，是由于阳光射到空气的水滴里，发生光的反射和折射造成的。早在中国唐代时，精通天文历算之学的进士孙彦先（孙思恭）便提出"虹乃与中日影也，日照雨则有

之"的说法。孙彦先的发现后来也被宋代沈括的《梦溪笔谈》所引用及证实，且沈括也细微地观察到虹和太阳的位置与方向是相对的现象。孙彦先和沈括等人对虹的这些发现比西方早了几百年。

　　彩虹的色彩一般有七种，从外至内分别为：红、橙、黄、绿、蓝、靛、紫。在中国，也常有"赤橙黄绿青蓝紫"的说法。

毛泽东曾于1933年夏所作《菩萨蛮·大柏地》一词描绘了彩虹的色彩："赤橙黄绿青蓝紫，谁持彩练当空舞。雨后复斜阳，关山阵阵苍……"

那么，为什么彩虹是七种颜色呢？

彩虹是因为阳光射到空中接近圆形的小水滴，造成光的色散射及折射而成的。阳光射入水滴时会同时以不同角度入射，在水滴内也是以不同的角度折射。当中以40度至42度的折射最为强烈，形成人们所见到的彩虹。

　　其实只要空气中有水滴，而阳光正在观察者的背后以低角度照射，便可能产生可以观察到的彩虹现象。彩虹最常在下午，雨后刚转天晴时出现。这时空气内尘埃少而充满小水滴，天空的一边因为仍有雨云而较暗，观察者头上或背后却没有云的遮挡而可见阳光，这样彩虹便会较容易被看到。美丽的彩虹的出现与当

时的天气变化相联系，一般人们从虹出现在天空中的位置可以推测当时将出现晴天或雨天。东方出现虹时，本地是不大容易下雨的，而西方出现虹时，本地下雨的可能性却很大。

　　彩虹的明显程度，取决于空气中小水滴的大小，小水滴体积越大，形成的彩虹越鲜亮，小水滴体积越小，形成的彩虹就不明显。一般冬天的气温较低，在空中不容易存在小水滴，下雨的机会也少，所以冬天一般不会有彩虹出现。

你会用天平吗？

天平是什么东西呢？小朋友知道吗？它就是用来测量物体质量的一种工具。

人们通过对天平的工作原理的利用，加上了现代科学技术的发展，发明出了各种可以测量物体重量的先进工具。像小一点的有电子秤，它普遍被用于日常生活中人们购买或者销售散装物品；再大一点的有称体重用的电子秤；更大一点的还有埋

在地下的地磅，它们用来测量那些卡车、轮船等特别大的物件的重量。

在古代还没有巨大的称量工具时，聪明的曹冲想到了用在船上做标记的方法来计算大象的重量。小朋友们，曹冲的机灵虽然值得我们去学习，但在发达的今天，我们已经不用使用这么费劲的方法了。只要掌握了天平的使用方法，以后我们去称量任何物体的重量都可以迎刃而解了！

这么轻松的事情，还犹豫什么呢！现在就让我们开始，按步骤来学习吧。

1.首先要把天平放置在水平的地方，以防止重量

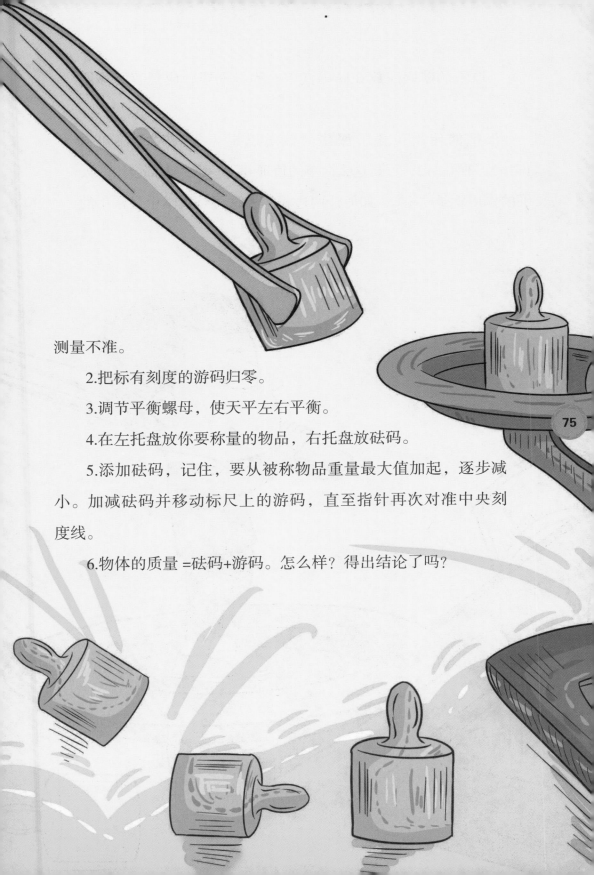

测量不准。

2.把标有刻度的游码归零。

3.调节平衡螺母，使天平左右平衡。

4.在左托盘放你要称量的物品，右托盘放砝码。

5.添加砝码，记住，要从被称物品重量最大值加起，逐步减小。加减砝码并移动标尺上的游码，直至指针再次对准中央刻度线。

6.物体的质量=砝码+游码。怎么样？得出结论了吗？

7.取下的砝码应放在砝码盒中，称量完毕，应把游码移回零点。

天平的使用包含了深刻的数学思想。我们人人都知道1+1=2，3+4=5+2，可是这么简单的道理并不一定人人都会用。天平的作用就是"="，如何让两边相等，这可是数学中最常用的办法。

圆周运动现象

　　树上的苹果长得又大又圆，让人看了都忍不住想吃一口。这可急坏了树上的小虫，只见它爬到苹果上面，绕着苹果爬了一圈又一圈，心里着急地想着：呀！这么大的苹果真不知道从哪里下口才好呢！这时，树下不明真相的小白兔就纳闷了，它好奇地问妈妈："妈妈，妈妈，快看！小虫这是在做什么运动吗？"兔妈妈瞅了一会儿说："小虫是吃饱了撑的，它在做圆周运动吧！"

　　小朋友们听了这个故事后，你们有没有受到什么启发呢？是不是都发现了，原来圆周运动就是这样子的呀！

　　在数学课上，老师会教会我们识别各种形状，像三角形、正方形，还有圆形等。这里我们将用到圆形，因为在物理学中，圆周运动就是沿着一个圆形的路径或轨迹所做的运动。又大又圆的苹果是圆形的，小虫绕着苹果爬了一圈又一圈，就是在沿着圆形的路径做圆周运动。

　　关于圆周运动，喜欢动手的小朋友可以跟我一起来做一个小游戏：拿出两根削好的铅笔，一截绳子，还有一张白纸。紧接着我们把绳子的两端，分别系在两根铅笔上。

然后我们两只手捏住铅笔，把笔尖竖在纸上。非常关键的时刻到来了，保持我们的左手不要动，右手把绳子拉直，然后让笔尖在纸上动起来。

哇！一个很标准的圆形就这样被我们画出来了。

在这个小游戏中，我们右手捏住的铅笔做的就是圆周运动。我们所使用的画圆工具"圆规"就是按照这个原理做出来的。

你们在亲身体会了之后，是不是对圆周运动有更加透彻的认识了呢？那你们能不能在我们的生活中找出更多的圆周运动呢？像我们家里挂在墙壁上的时钟，它的秒针、分针、时针每时每刻都在做着圆周运动；还有绕着圆形花坛跑步的同学也在做着圆周运动；还有常见的圆形车轮，它们在转动的时候都是圆周运动。工厂里的很多轴承和齿轮也在做着圆周运动。

小朋友们用心想一下，你们就会发现生活中其实有很多很多的圆周运动。

第三章

物理概念的解析

什么是熔点与沸点

通过物理学的统计我们发现，当温度达到100℃时水会沸腾。水沸腾了就是表示烧开了，所以水到了100℃才算烧开。这里，一个奇妙的东西就产生了：在物理学上，我们把这个100℃的温度叫作水的沸点。不同的液体，沸点都各不相同。具有沸点的物体除了液体外，还有其他的吗？有的，非常坚硬的金属也具有沸点。

我们把坚
硬的金属加热到
一定的温度，它也
会沸腾。只不过，这里多
出了一个小插曲——在这个过程中金属
会先熔化成液体，然后它才能在加热的
过程中沸腾。假如我们想把一块冰烧到
沸腾的话，会先看到在加热过程中冰慢慢
融化成了水，然后继续加热才能烧到沸腾，把金属烧到
沸腾和这是一样的道理。说到这里，物理学上又有一个定
义了：固体熔化成液体时的温度叫作熔点。

很多小朋友可能不知道，熔点和沸点跟气压有很大的

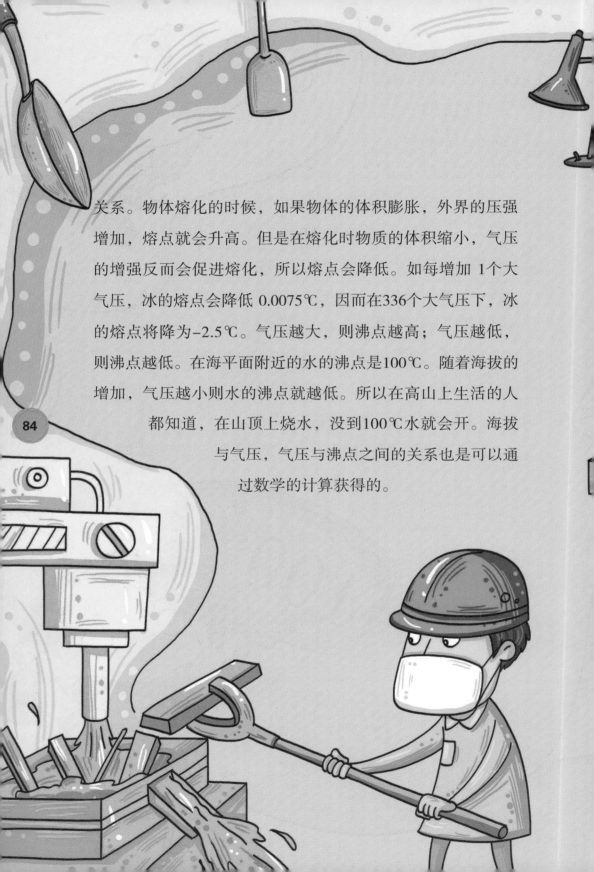

关系。物体熔化的时候，如果物体的体积膨胀，外界的压强增加，熔点就会升高。但是在熔化时物质的体积缩小，气压的增强反而会促进熔化，所以熔点会降低。如每增加 1 个大气压，冰的熔点会降低 0.0075℃，因而在336个大气压下，冰的熔点将降为-2.5℃。气压越大，则沸点越高；气压越低，则沸点越低。在海平面附近的水的沸点是100℃。随着海拔的增加，气压越小则水的沸点就越低。所以在高山上生活的人都知道，在山顶上烧水，没到100℃水就会开。海拔与气压，气压与沸点之间的关系也是可以通过数学的计算获得的。

84

　　不同的金属，它们的熔点和沸点都是不相同的。掌握了金属的熔点和沸点后，对我们的生活会有很多的帮助。比如在工厂里，工人叔叔们知道了金属的熔点和沸点后，就可以将那些废弃的金属进行熔化，重新将它们做成对人类有用处的工具。这也充分证明了，金属因为有了熔点和沸点后才具有可循环、再利用的性质。还有，在炎热的地方修盖建筑，建筑师们会选择那些熔点和沸点都很高的材料，以防止事故的发生。

铁

钢

无处不在的摩擦力

小朋友们，你们是否参加过溜冰活动呢？穿着溜冰鞋，在光滑的冰面或者地面上快速地滑动，那种感觉可真刺激。那么小朋友们有没有想过，为什么我们溜冰的时候要选择在光滑的冰面或是地面上，而不是在粗糙的马路上呢？很多小朋友会说："因为马路上不够光滑呀，在马路上溜冰很费力。"这个说法是正确的。那么，在光滑和粗糙的地面上溜冰为什么会有区别呢？物理常识告诉我们，这是由于物体之间的摩擦力而导致的。

1kg=9.8N（牛顿）

物体和物体的表面之间接触的时候，由于两者的质地不同，会产生一种摩擦力。两个物体的表面越光滑，这种摩擦力就越小；两个物体的表面越粗糙，摩擦力就越大。摩擦力是一个力学概念，表示的是在物体上滑动的时候需要多大的力，单位是N（牛顿）。1N和1kg之间是怎么计算的呢？在物理学中1kg=9.8N。通过这种换算，我们可以知道，在光滑的冰面上溜冰和在马路上溜冰分别有多大的摩擦力。

办法是这样的，小朋友们可以穿上滑冰鞋，站在光滑的冰面上，手里握住一个弹簧秤

的一端，另一端则由另一个人握住，那个人用一种很平均的速度拉着穿溜冰鞋的小朋友在冰面上走动。这个时候弹簧秤就会显示出重量读数，通过这种重量计算，我们就可以知道冰面和溜冰鞋之间的摩擦力是多少N。同样的办法在马路上也是可行的。这样，我们就可以计算出溜冰鞋和马路地面之间的摩擦力。

这样的计算很简单，不过这也只是最初级的计算。因为当在冰面上和在马路上滑动的速度不同时，摩擦力也会随之变化。滑过冰的小朋友都知道，滑动的速度越快，滑冰的人感觉到的阻力就越大。如果我们重复刚才做的实验，在不同的速度下，拉力计和弹簧秤显示的读数也是不一样的。

那么我们计算这种摩擦力有什么用处呢？小朋友们可能不知道，这种计算的用处可大啦。比如工程师们通过雨雪天里对汽车轮胎与马路地面的摩擦力的计算，就

能够设计出更好的轮胎样式，能够让汽车防滑。再比如工程师们通过溜冰鞋与冰面的摩擦力的计算，就可以制造出更好、更舒适的溜冰鞋，让溜冰的人们玩得更加开心。生活中到处都是小知识，简简单单的溜冰就包含了深奥的物理学和数学知识，小朋友们可要多观察多学习呀。

黎曼几何的坐标维度

我们都知道，几何学有空间几何学，而物理学也有空间物理学，那么小朋友们不妨想一下，几何学和物理学之间会不会有着关联呢？假如没有关系，为什么它们都存在有空间这一问题呢？

19世纪中期，德国著名的物理学家、数学家黎曼提出了几何学理论。在1854年的时候，黎曼在格丁根大学发表了一篇叫作《论作为几何学基础的假设》的就职演说，这篇就职演说成为了黎曼几何的源头。黎曼将曲面看成是一个独立的几何体，而不仅仅将其视为是欧几里得空间里的一个几何

体。他首先提出了空间的概念，认为在空间中的点可以用许许多多的实数作为坐标来表现，比如（x_1，x_2，…，x_n）等。这是空间几何的坐标的第一次复杂运用，在这个基础上，黎曼还提出了空间几何学应该无限临近的两点（x_1，x_2，…，x_n）和（x_1+dx_1，…，x_n+dx_n）之间的距离计算方式，并由此衍生出了正定对称矩阵。通过这一系列的理论，黎曼构建了流形理论的整体。

在这个过程中，黎曼又给出了几个条件，这几个条件分别是：

1. 逻辑曲面上可以设立坐标原点；

2. 在点极限附近具有N维极限空间；

3. N维极限空间具有对易性或不对易性；

4. 空间域具有可导性；

5. N维度空间维度具有正交性；

6. N维同一层次空间；

7. 在极限域的对第N维空间的N-1维空间的可导性；

8. 同理对第N-k维度，N-k-1维空间可导；

9. 同理也是微分几何的空间基础；

10. 由曲面的曲率决定其可以退化为欧氏几何。

这些理论和条件看起来非常复杂，它们究竟都是什么意思呢？原来，物理学与几何学是密不可分的，特别是在空间物理学上，当物理学中涉及不规则空间计算的时候，我们可以使用几何学上的计算曲面几何的办法进行补充，而曲面几何包含着更深刻的物理学道理。

黎曼的这一系列解释将物理学和几何学联系在了一起，解决了前人不能解决的许多问题，大科学家爱因斯坦在称赞黎曼这

一项工作的时候曾经说过："其实关于空间物理学的数学基础，已经被黎曼夯实了，我们所做的，只不过是在他的基础上再进行一些计算罢了。"

质量与重量

　　质量和重量仅一字之差，但所表达的物理意义却一点也不相同。

　　质量是指物体所含物质的多少，是度量物体在同一地点重力势能和动能大小的物理量。国际单位是千克，其他常用单位有吨、克、毫克等，用字母m表示。影响质量大小的因素是物体本身的属性，比如体积、密度等。

重量也叫作重力，它们之间的数学算式为：$G=mg$。字母G表示重力，单位为牛顿，用字母N表示。这里我们得解释一下，g是物体的重量常数，一般定为$g=9.8$N/kg，指质量为1千克的物体所受重力的常数。

根据数学算式的显示，可得出质量与重量之间成正比的关系。下面，我们用解答问题的方法演示一下这个关系。

小明的妈妈买了2kg的苹果，请问这些苹果在地球引力的作用下，重量是多少？

解：

由题设已知$m=2$kg，求G。

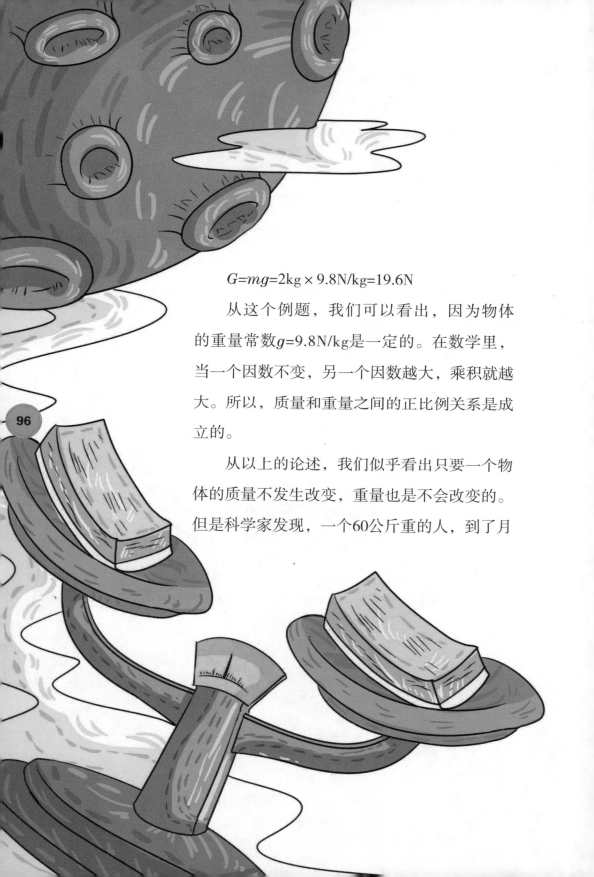

$G=mg=2\text{kg} \times 9.8\text{N/kg}=19.6\text{N}$

从这个例题，我们可以看出，因为物体的重量常数$g=9.8$N/kg是一定的。在数学里，当一个因数不变，另一个因数越大，乘积就越大。所以，质量和重量之间的正比例关系是成立的。

从以上的论述，我们似乎看出只要一个物体的质量不发生改变，重量也是不会改变的。但是科学家发现，一个60公斤重的人，到了月球上却只剩下10公斤了，这是为什么呢？

人们通过研究发现，原来月球的引力只是地球引力的1/6，也就是重量常数g变小了。所以，同样的质量，到了月球上，它的重量就变成了原来的1/6。人的体重在不同的地方会发生变化，这听起来多少有些奇特。然而，还有更奇特的呢。假如，我们在一个没有引力的地方，我们的重量会变成0，就是变得没有体重。

在日常生活中，我们在买菜、称东西的时候习惯说："这个东西的重量是多少。"但是事实上，重量的单位是牛顿，而不是我们常用的千克、克。大家不妨想想，我们假设地球上有个卖肉的，月球上也有个卖肉的。我们在地球上称1公斤肉，"重量"是1千克，但是在月球上称1公斤肉，那重量必须是地球上的6倍。在看了这篇文章之后，小朋友们应该明白这个道理，重量和质量之间，还是有区别的。

什么是匀速与变速

这一节，我们来和小朋友一起讨论、学习一下匀速运动和变速运动。其实在我们读到这个题目的时候，就可以试着从字面上简单地来进行一下理解。"匀速"就是一直保持均匀不变的速度，"变速"就是会不断发生变化的速度。

物体在移动的时候都会产生速度，那什么情况下的运动被称为匀速运动呢？

我们来举一个例子：假设小明早上起来和爸爸一起晨跑。爸爸一直以100米/分钟的速度向前跑，那爸爸做的就是匀速运动了。注意，这里是速度不变哦。爸爸可以一直沿着一条向前的小

路跑，也可以绕着操场转圈地跑，只要是一直保持100米/分钟，就是匀速运动了。所以在匀速运动里，速度不变是关键哦。

那什么情况下是变速运动呢？

我们还用这个晨跑的例子。在晨跑中，小明不像爸爸那样，他一会儿跑快一会跑慢的。有时一分钟跑90米，就被爸

爸落下了。为了追赶爸爸，他用110米/分钟的速度跑了起来。等追上爸爸之后，他跟爸爸一起用100米/分钟的速度跑。可没过多久，他觉得累了，就又放慢了速度，变成了50米/分钟。

小明的行为就是很典型的变速运动了。

奇特的是，在变速运动里又可以分为匀变速运动和变加速运动。

比如小明在追赶爸爸时，第一分钟跑了110米，第二分钟跑了120米，第三分钟跑了130米，他一直照这个加速度跑，那么在第4分钟的时候，小明跑了多少米呢？我们可以用算术算一下：110+10+10+10=140米。列出算式，我们就不难看出，原来小明每分钟都加速了10米，这就是变速运动里的匀变速运动了。

反过来，小明有时候一分钟加速了10米，有时候一分钟加速了25米，还有些时候一分钟只加速了5米，甚至跑的比之前更慢

了，这些情况全部放在一起，就说明小明做的是变加速运动了，因为小明的加速度一直在变化啊。

好了，我们一起讨论了这么多，小朋友们有没有掌握什么是匀速运动，什么是变速运动呢？

什么是密度

小朋友们在吃饭的时候有没有注意过,我们喝的汤里食用油是浮在水上面的。这里问题就出来了:水是液体,食用油也是液体,为什么食用油会浮在水上面呢?

物理学给我们的答案是:密度不同的液体混合在一起,密度大的液体会下沉,密度小的液体会上浮。食用油浮在了水上面,是因为食用油的密度比水的密度小。小朋友们一定会觉得奇怪了,什么是密度?密度又是怎么计算的?

在数学里,我们学过质量(m)和体积(V),其实密度也不难掌握,在物理学里密度就等于质量除以体积。它的符号是 ρ(读作rou),国际主单位为千克每立方米(kg/m^3),常用单位还有克每立方厘米

（g/cm³）。其数学表达式为 $\rho = m/V$。在正确理解密度公式时我们要注意它需要满足的条件和每个物理量所表示的特殊含义。

从物理微观角度出发，任何物质都是由分子构成的，所以我们可以将密度从简单意义上理解成分子排列的紧密度。

同一种物质的密度是一定的，它不会因为物体体积的变化而发生变化，比如1升水和10升水的密度是一样的。同样的，也不会因为物体质量的变化而发生变化，

水　油

$\rho = m/V$

就像10千克水的密度和1千克水的密度是一样的。因此，国际上常称密度为"平均密度"。

了解了这些后，小朋友可以自己动手来尝试着计算一下水的密度了。我们的实验工具很简单：一个量杯和一杆称量计。先把空的量杯放到称量计上面测量一下它的质量，并记录下来。然后往量杯里倒进一些水，这时我们根据量杯上的刻度

读出水的体积，并记录下来。再把加了水的量杯放到称量计上测量质量，并记录下来。

最后列出算式：密度=质量÷体积。亲爱的小朋友们，有一点需要

提醒大家，我们计算的是水的密度，所以只能用测量出来的水的质量和体积来进行计算。那是不是要把第二次测量的质量减去量杯的质量呢？要想得出正确的结果，这可是必须的呢！只有减去了空量杯后的质量，才算是水的真实质量。最后，用水的真实质量除以体积就等于密度了。

只要掌握了数学算式，有关密度的计算我们就能很简单的弄明白了。看来数学跟物理是紧密相连的两门学问呢！小朋友们一定不要偏科，要把每一门功课都学好。到那时，你会发现原来所有的知识都是具有关联性的。

什么是加速度

　　我们说的速度是指一个物体移动的快慢程度。速度的大小一般都会使用每小时100千米、5米/秒等说法。我们说一列火车的速度是每小时100千米，是指这列火车每一个小时能够跑100千米远。而且在计算速度的时候，我们一般采用的是平均速度。假设一个物体在一段时间内的运动是匀速运动，只有这样，才能计算完整。

　　那么加速度又是什么呢？加速度也就是速度的变化量，我们说的"提速"其实就是

加速度的一种表现。一个物体是做匀速运动还是做加速度运动，对这个物体最终能够移动多远有着重要的意义。

我们假设A和B要跑完1000米的路程，而A和B的起始速度都是5米/秒，A保持匀速前进，而B则以加速度前进，B的加速度为1 m/s^2。就此我们可以进行一个简单的计算。

A跑完全程需要1000÷5=200（秒）

B如果要跑完全程，其速度变化应该是5+（5+1）+（5+2）+

（5+3）+…+（5+N）=1000。在这个过程中，要跑完1000米，B所需要的时间比A要短许多。B只需要40秒的时间。

速度和加速度的关系就是这样的奇妙。再比如著名的龟兔赛跑问题，我们假设兔子速度远远比乌龟要快，但是兔子做的是匀速运动，然而乌龟则一直在做加速运动。那么我们相信，乌龟总有一个时间点会

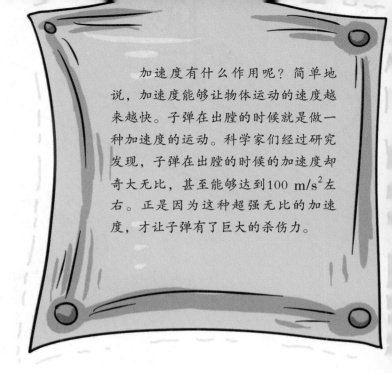

加速度有什么作用呢？简单地说，加速度能够让物体运动的速度越来越快。子弹在出膛的时候就是做一种加速度的运动。科学家们经过研究发现，子弹在出膛的时候的加速度却奇大无比，甚至能够达到$100\ m/s^2$左右。正是因为这种超强无比的加速度，才让子弹有了巨大的杀伤力。

超过兔子的。

　　关于速度和加速度的知识，小朋友们到了中学就会学到，到了那个时候小朋友们懂得的知识就更多了。小朋友们现在懂得的知识或许并不是很多，但是只要小朋友们在学习的时候保持着一个"加速度"，每天多学一点，总有一天，你们会"跑"到别人前面去的。

什么是"九牛二虎之力"

中国的成语中包含了深刻的道理，这些道理甚至包含了深刻的数学常识。成语"九牛二虎之力"就是一个例子，它很巧妙地运用了数学里的数字，来表达这个力气有多么的大。

那"九牛二虎之力"到底是多大的力气呢？我们可以用数学上的数字来具体说明一下。

通过物理实验，人们测试出1头牛的力量可以拉动1吨的卡车，那9头牛的力量就能拉动9吨的卡车。1只老虎的力量是牛的2/3，但是人们发现老虎的耐力比牛要好很多，于是综合了老虎的耐力之后，平均1只老虎=1.5（一

111

头半）头牛。列出数学算式之后就是：九牛二虎之力=9头牛×1吨+（1.5+1.5）头牛×1吨=12吨。哇！用九牛二虎之力竟然可以拉动12吨的卡车！

不过也有人做了另外一个解释，这个解

释既合理又不合理。经过计算发现，每只成年的老虎大约能够承受600千克的压力，两只老虎则可以承受1.2吨的压力。9头牛可以拉动9吨重的卡车，扣除人用脚顶住地面的摩擦力，拉动"九牛二虎"需要使出能够拉动大约6吨重的东西的力量，如此看来，若非一个体重1.2吨以上、力大无比的大力士，是无法拉动"九牛二虎"的。当然，我们知道这是不可能的，所以"九牛二虎之力"这个成语只是个形容，不能实指。

第四章

物理原理的揭秘

大气压的作用

人们常说："好大的压力啊。"这其实和物理学是没有关系的，仅仅是从精神上来抒发一下自己的感受，就像小朋友们在面对考试时那种紧张的感觉一样，这就是我们常说的精神压力。

物理学上的压力，是指物体垂直作用于流体或固体界面时单位面积上的力。但这个压力也不是我们这一节所要讨

论的问题。我们要讨论的到底是什么呢？
对了，就是题目所标注的"大气压力"。

　　大气压力是怎么产生的呢？原来，它是地球引力作用产生的结果，由于地球存在引力，大气被"吸"向地球，才产生了压力，简称为气压。气压的单位有毫米和毫巴两种：以水银柱表示气压高低的单位一般是毫米(mm)。例如气压为800毫米，就是表示当时的大气压强与800毫米高的水银柱所产生的压强相等。而在天气预报中常听见的是毫巴(mb)。1毫巴=1000达因/平方厘米(1巴=1000毫巴)。1毫巴就表示在1平方厘米面积上1000达因的力。气压为760毫米相当于1013.25毫巴，这个气压值被称为一个标准大气压。

117

第一个发现并且测量出了大气压的人是托里拆利。他是伟大的物理学家、科学家伽利略的学生。伽利略本人对大气压也有很多年的研究，但是并没有研究出最终的成果，而他的最终成果都被托里拆利继承了下来。托里拆利把它们加以整理，最终形成了现在通用的大气压理论。小朋友们可能还不知道吧，托里拆利还发明了世界上第一支水银气压计。

大气压力还具有一定的变化规律。由于地心引力的作用，距地球表面近的地方，地球吸引力大，空气分子的密集程度高，撞击到物体表面的频率高，由此产生的大气压力就大。距地球表面远的地方，地球吸引力小，空气分子的密集程度低，撞击到物体表面的频率也低，由此产生的大气压力就小。因此在地球上不同高度的大气压力是不同的，位置

118

越高，大气压力越小。

　　大气压力的变化，还会给人们的生活带来影响呢。大气压力小时，空气比较稀薄，空气中的氧气含量就低，这直接影响了人们的呼吸。所以，人们在登上海拔很高的地势时，会感觉到呼吸困难，这种现象被称为"高原反应"。

　　大气压力还会影响液体的沸点。在标准大气压下，水的沸腾点为100℃。当大气压力低于标准大气压时，水的沸点会低于100℃。当大气压力高于标准大气压时，水的沸点会高于100℃。看来，了解大气压力，对于解释一些生活现象还是很有帮助的。

滑轮的功能

　　滑轮在我们的生活中是经常能见到的东西。我们都知道，每天早上升旗的时候，负责升旗的同学能够顺利地将国旗升到杆顶，就是因为在旗杆顶上安装了一个滑轮。滑轮的作用到底是什么呢？简单来说，就是为了改变方向和省力。

　　改变方向对我们而言是十分重要的。举个例子，我们要将一架钢琴送到5楼高的地方，用什么办法最好呢？如果是通过楼梯和电梯搬运，这是很费劲的。我们又想，如果从5楼放一根绳子下来把它拉上去，这个办法虽然好，但是也不安全。最好的办法就是在5楼安装一个定滑轮，然后从下面，将钢琴拉上5楼。

再说说升国旗，如果没有滑轮，我们要想把国旗升到旗杆的顶部就得在上面拉，或者举着一根杆子把国旗给推上去，这样的话多费劲呀。学过物理的小朋友都知道，力是可以被转化的，在这个转化过程中可以做更多的功，节省更多的人力、物力，这不是很好吗？

如果是动滑轮的话，力的方向没有改变，但是却可以节省我们很多力气。我们照样以抬钢琴为例，如果这台钢琴重达200千克，那么一个人肯定是拉不动的，即便使用了定滑轮，我们发现依旧十分费力。那么我们假设将绳子的一头绑在5楼，在绳子中间安装一个动滑轮，将钢琴绑在动滑轮上，在楼上有一个人拉住

绳子的另一头，这个时候，钢琴200千克的重量有1/2被绑在楼上的绳子分担了，拉绳子的人只要用拉动100千克物体的力气就可以轻松地将钢琴拉上5楼了。

随着人们对物理学的认识越来越多，人们又制造出了滑轮组。滑轮组就是将动滑轮和定滑轮放在一起使用，这样节省的力就更多了。利用一个滑轮组，人们可以轻而易举地将一头大象运送上5楼。

关于滑轮组的省力公式小朋友知道多少？它们是$s=hn$，$V_{绳}=n \times v_{物}$，$F_{拉}=(1/n) \times G_{总}$这三个公式吗？答案是肯定的。根据这三个公式我们这么想，要将一架200千克的钢琴送上10米高的5楼，我们使用了一个滑轮组，其中动滑轮2个，定滑轮3个，那么我们需要使用的拉力就是$F_{拉}=(1/n) \times G=1/4 \times 200=50$。用了这个滑轮组，我们只要用40千克的拉力就能够将200千克重的钢琴拉到5楼。

数学和物理的存在，就是为了让我们的生活更加方便、更加快捷，无数的数学公式、物理定理都是从生活中发现的。小朋友们不妨多想想，多看看，或许，下一个公式、定理，就是用你的名字命名的。

钻木取火的原理

　　小朋友们可能都知道，我们现在使用的打火机是通过电子打火的方式将火点着的。在电子打火机之前，人们使用的是火石打火机，利用燧石生火的原理将火点着。电子着火和燧石着火都是可以理解的，很多小朋友都见过或者知道这两种情况，可是小朋友们听说过钻木取火吗？

　　根据中国古代的神话传说，有一位叫作"燧人氏"的圣人，他通过钻木取火的方式，给世人带来了火焰。这个传说跟西方传说中的普罗米修斯取火不太一样。如果说普罗米修斯的传说是一个杜撰出来的神话，那么燧人氏的传说却有着深刻的科学道理了，因为钻木的确能够取火。

　　摩擦生热的道理很多小朋友一定都明白，那么，怎样的摩擦，产生多高的温度才能够

着火呢？这就涉及燃点的知识了。当一种物质开始加热的时候，能够开始燃烧并且持续燃烧的最低温度就叫作燃点，比如木头的燃点在470℃左右，而煤的燃点大约在225℃至280℃。这就意味着，只要让木头的温度达到470℃，它就能够着火。

$W=FS$是根据热力学第二定律推导

出的一个计算热力的公式，根据这个公式我们可以知道，物体之间的摩擦在多大力的情况之下能够做多少的功。而通过将这种功转化为热量，在木头上生出高温。当温度超过470℃的时候，木头就会着火了。

　　我们都知道，能量之间是可以相互转化的。我们用电能开动机器，用燃料开动汽车就是一个凭据。钻木取火其实也是一个能量转化的问题。取火的人通过用一块木头快速摩擦另一块木头，对干燥的木头做功，很快就能使木头被点燃并且起火。怎样通过最简单、最有效的做功

来达到"取火"的目的？这都可以通过一系列的数学计算得出结果。

人类社会发展到今天，钻木取火早就被淘汰了。但是回想一下，在没有发达科技的远古时代，我们的祖先们就能够通过这种简单的方式造出火焰，那可是经过了几百年甚至几千年的探索而来的。在科技发达的今天，我们必须保持继续探索的精神，或许几百年后的人们会发明出更先进的取火技术，他们会说："你们看看几百年前的人多么落后呀，他们还要使用火石、打火机和电子打火机取火。"

弹簧的原理

在物理学中，弹簧也是不可或缺的东西，关于弹簧，可以涉及物理学中的很多力学计算。小朋友们都见过弹簧，可是你们对这种能伸能缩的小零件真的了解吗？弹簧有很多种，比如螺旋弹簧、漩涡弹簧和板弹簧等。日常生活中最常见的是螺旋弹簧，在沙发、圆珠笔、床垫里面都会有这种小零件。通过拉伸和压缩产生各种有用的效果。

大家知道弹簧的平均直径是怎么计算的吗？我们先假设弹簧丝的直径为d，弹簧的外直径为$D2$，弹簧的内直径为$D1$，弹簧的平均直径为D，那么弹簧的平均直径的计算公式就是$D=$

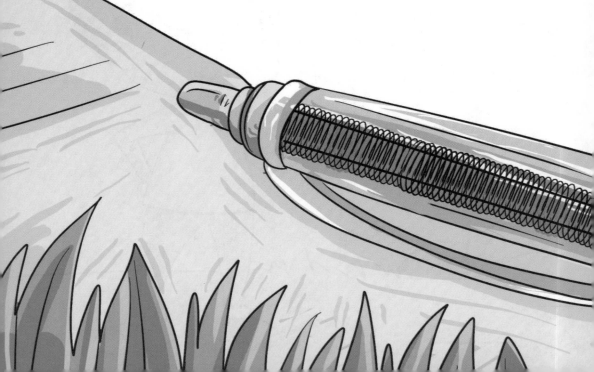

（$D2+D1$）÷2=$D1+d$=$D2-d$。弹簧的平均直径也叫中径。计算弹簧的中径具有重大的意义，工程师们在制造弹簧的时候，要想测算出弹簧的承受能力，就必须使用到中径。

没有经受压力的弹簧被称为自由弹簧，它的高度（HO）是可以计算出来的。我们测算一根弹簧是否受压变形，就可以根据弹簧的自由高进行判断，我们可以假设弹簧相邻两圈对应点在中径上的轴向距离为t，弹簧的有效圈数为n，支承圈数为$n2$，那么弹簧的自由高HO=$nt+(n2-0.5)$

$d=nt+1.5d$。自由弹簧是弹簧弹性的一个最基本的设定，对于任何弹簧类的机械而言都有很重要的意义。

弹簧的伸缩性可以带来特殊的效能。1776年的时候，英国科学家胡克发现了著名的胡克定律：在弹性限度内，弹簧的拉伸量和所用的力之间成正比。这个定律的发现解决了很多问题，在这之后不久，弹簧秤就问世了。弹簧秤便是利用弹簧的拉伸长度来称量物体的重量，弹簧秤上面的刻度和拉伸力度可以告诉人们物体的重量是多少。尽管在今天，电子秤已经有了很大的普及，但是弹簧秤仍然在普遍地

使用，这种小小的工具依旧在为人们的生活提供便利。

伟大的发明家爱迪生曾经说过："一切发明创造都离不开我们的生活。"小朋友们，注意多观察你们身边的事物，说不定你就能成为一位发明家。

曾经有一位叫作科特西的匠人利用弯曲的青铜板做出了最早的板弹簧，并利用在了战争工具投石机上面，这种弹簧的弹性很强，能够将20公斤重的石头抛出300米远。这种弹性是后世的很多工业弹簧都无法达到的。科学史研究者经过考察发现，古希腊时期发明的最大的板弹簧长达5米，能够将50公斤的石头抛出800米远。

杠杆原理

伟大的物理学家阿基米德曾说过："给我一个支点，我就能撬起地球。"这话听起来多么让人震惊。但这绝不是信口开河，假如能给我们伟大的物理学家造出一个足够长又足够大的杠杆，并提供一个地球与他之间的支点，他真的能把地球撬起来。这让我们不得不去思考，杠杆的作用真的这么神奇吗？我们见过吗？

其实，杠杆在生活中随处可见，我们对它并不陌生。比如跷跷板就是一个杠杆，它有支点和一个能够绕着支点转动的长板子。在物理学中我们把在力的作用下可以围绕固定点转动的坚硬物体都叫作杠杆。在玩跷跷板时，两个体重差不多的小朋友分别坐在板子的两端，这时候我们神奇地发现，越是坐得离支点远，越容易把对方翘起来。原来，我们坐上杠杆后就在杠杆上形成了一个力点，当力点离支点越远就越省力，也就越容易翘起对面的一方。所以，当杠杆的一端是地球，另一端坐的是伟大的

物理学家阿基米德时，只要杠杆够长，阿基米德就可以很轻松的把地球撬起来。

　　杠杆离不开支点（O）、动力(F_1)、阻力(F_2)、动力臂(L_1)和阻力臂(L_2)这五个要素，如果要让杠杆达到平衡就必须满足动力×动力臂=阻力×阻力臂，转化为公式也就是$F_1 \times L_1 = F_2 \times L_2$。经过科学家们研究发现，地球的质量大约是$5.9742 \times 10^{24}$kg。

　　尽管杠杆如此神奇，可它的构造却又如此简单，随便一根硬棒就能当做杠杆了。杠杆使用起来可能是省力的，也可能很费力，所以杠杆又分为费力杠杆和省力杠杆。像钓鱼竿，在物理学上它就属于费力杠杆，而开瓶器就属于省力杠杆。费力和省力的区分，取决于力点和支点的距离：力点距离支点愈远则愈省力，愈近就愈费力。

　　小朋友们不妨在生活中试一试刚刚学到的杠杆知识，区分一下省力杠杆和费力杠杆，做一个小小的杠杆阻力和阻力臂的计算。那么你的物理学知识水平就会提升到一个更高的层次。

为什么逆风行进速度慢了

有首儿歌这样唱："太阳当空照，花儿对我笑，小鸟说早早早，你为什么背上小书包。我去上学校，天天不迟到……"我们走在上学的路上，微风缓缓的从头顶吹过，总会有一丝清爽像红领巾一样在心头飘荡，这是一件多么让人开心的事情啊。可是，小朋友们知道吗？在我们欢呼雀跃想要蹦蹦跳跳的时候，要是迎着风奔跑的话，我们跑步的速度会变慢的哦。这是为什么呢？

要解开这个谜团，首先我们得知道风是怎么来的。风是由于

空气运动产生的。

空气之所以会运动，是因为每个地方的温度都不一样，这样就会使空气有冷有热，当冷空气遇上热空气的时候，就会产生对流，也就是所谓的空气运动。这个时候热的空气往上升，冷的空气往下沉，空气就开始运动了，我们也就能感受到风了。风迎面吹来时，会产生一定的阻力，这个阻力的大小跟风的大小有关系。风越大，阻力就越大；相反的，风越小，阻力也就越小了。

现在，我们举一个有关数学的例子来说明这个问题。

我们在上数学课时，数学老师会教我们2-1=1。这时，我们假设风吹来的力气是1分，而我们奔跑时使用的力气是2分。这时当我们迎风奔跑，风吹来的力气就成了我们的阻力，2分力气被阻挡掉了1分，是不是只剩下1分力气了！用1分的力气去奔跑，肯定没有用2分的力气去奔跑跑得快。所以，当我们迎风奔跑的时候，跑的速度会变慢！当然，这只是通过简单的数学计算得到的答案，我们可以由此知道，迎风走路为什么会比较费力。然而，真正关于风的阻力计算的具体办法，等小朋友们到了初中或者高中的时候，就能够学习到相关知识了。

由于风吹来时的大小不同，我们遭受到的阻力也是不一样的。阿拉伯故事集《一千零一夜》中记录了这样一个故事，据说有一个阿拉伯人要出远门，刚走出家门不久就遇到了大风，结果他走一步退两步，他走了半天之后，发现自己回到家里了。这个阿拉伯人认为这是神的指示，所以就再也不出门了。懂得一点物理学的人都明白，这其实就是迎面而来的风形成的阻力大于阿拉伯人向前走的力而造成的。在笑这个人无知的时候，我们就可以顺便温习一下这个简单的道理了。

139

微积分

140

牛顿的数学贡献

很多小朋友们都已经知道牛顿是一位伟大的物理学家，他在物理学上作出的贡献是划时代的，对科学技术的发展有着不可磨灭的贡献。但是大家可能还不知道，这位伟大的物理学家同时也是伟大的数学家。可能有的小朋友会想："牛顿专业搞物理，业余搞数学，数学怎么会很好呢？"小朋友们可能不知道，牛顿在数学上的贡献，那也是很多数学家难以超越的。

微积分是高等数学中一个很重要的部分，它主要是研究函数中的微分、积分以及相关概念的应用。对于很多高深的科学知识而言，微积分就是理解和学习这些知识的入门，如果没有经过微积分的系统学习，那么高层次的科学知识的学习也就无从谈起。这门被称之为"高端科学的基础"的微积分，它的发明者就是牛顿。

微积分的发明和制定是牛顿最为卓越的数学成就。为了解决运动计算的问题，牛顿创建了这种跟物理概念有着直接关系的数学理论，在当时牛顿将其称之为"流数术"。根据微积分的原理，可以解决切线问题、瞬间速度问题、函数的极大值和极小值问题、求积问题等一系列问

题。尽管在牛顿之前，这些问题多多少少已经得到了研究和解决，但是牛顿却超越了前人，站在新的角度上，将各种分散的结论加以总结，形成了一门系统的学科，将古希腊以来求解各种无限小问题的技巧都逐步完善起来，最终形成了两种最为简洁有效的算法——微分和积分。他同时确立了这两种运算的互逆关系，完成了微积分发明中最为关键的一个部分，开辟了数学上的一片新天地。

除此之外，牛顿还发现了二项式定理，这也是数学上一个著名的定理。不仅如此，他在综合几何、数值分析学、概率论、初等数论和解析几何等几个重要的数学领域都有着巨大的贡献。结合数学和物理学知识，牛顿写出了《自然哲学的数学原理》《二项式定理》和《微积分》等一系列科学著作，为人类的科学进步作出了积极贡献。

  牛顿的数学知识如此丰富，他作出的贡献如此巨大，小朋友们一定都想不到吧。学海无涯，如果要成为一个杰出的人才，就必须具备渊博的知识。牛顿说："我不知道在别人看来，我是什么样的人，但在我自己看来，我不过就像是一个在海滨玩耍的小孩，为不时发现比寻常更为光滑的一块卵石或比寻常更为美丽的一片贝壳而沾沾自喜，而对于展现在我面前的浩瀚的真理的海洋，却全然没有发现。"

奇妙的微观世界

为什么人们会说微观世界是看不见的呢？原来，人们通过测试发现人的肉眼可以分辨直径大于0.1mm以上的物体，一旦物体的直径小于这个尺度就看不见了。虽然看不见了但是它们是真实存在的，于是，我们把小于0.1mm的物体都归纳进了微观世界。

在微观世界里，物质是由大量肉眼看不到的分子、原子或离

子等构成的。
而分子则是由
更小的粒子(原
子)构成的。至
于原子，又是由
原子核和电子构成
的。分子、原子、
原子核、电子都非常
小。小朋友，问你个问题，
地球上生活的微生物总数和
宇宙中恒星的数量相比，哪
个多？答案当然是：前者的
数量多。再你问一个问题：
前者到底比后者多多少
呢？10倍？100倍？答案

是：根据目前的估算，地球上的微生物总数大约是宇宙恒星数量的1亿倍！

微观世界的长度是怎么计量的呢。人们能够看到的最小的长度应该是以毫米为单位的。而比毫米更小的长度单位还有很多，比如丝米(dmm)、

$$1mm = 1 \times 10^{-3}m$$

$$1dmm = 1 \times 10^{-4}m$$

$$1Cmm = 1 \times 10^{-5}m$$

$$1\mu m = 1 \times 10^{-6}m$$

忽米(cmm)、微米（μm）、纳米(nm)、皮米(pm)、飞米(fm)、阿米(am)、仄米（zm）、幺米（ym）等。小朋友们对纳米可能还比较熟悉，而另外一些就比较生僻了，那么我们给大家换算一下这些微观世界里的计量单位吧。

$1mm=1 \times 10^{-3}m$

$1dmm=1 \times 10^{-4}m$

$1cmm=1 \times 10^{-5}m$

$1\mu m=1 \times 10^{-6}m$

$1nm=1 \times 10^{-9}m$

$1pm=1 \times 10^{-12}m$

$$1fm = 1 \times 10^{-15}m$$

$$1am = 1 \times 10^{-18}m$$

$$1zm = 1 \times 10^{-21}m$$

$$1ym = 1 \times 10^{-24}m$$

　　微观世界是多么渺小的一个世界啊。当然，我们的肉眼看不见的距离，其实是可以通过各种仪器来进行计算的。小朋友们可以通过学习来知道这些知识，神奇的微观世界一定会给你们更多的惊喜。